家居装修设计大图典

现代

风格

《家居装修设计大图典》编写组 编

海峡出版发行集团
THE STRAITS PUBLISHING & DISTRIBUTING GROUP

福建科学技术出版社
FUJIAN SCIENCE & TECHNOLOGY PUBLISHING HOUSE

图书在版编目(CIP)数据

家居装修设计大图典 . 现代风格 /《家居装修设计
大图典》编写组编 . —福州：福建科学技术出版社，
2017.10

ISBN 978-7-5335-5390-6

Ⅰ . ①家… Ⅱ . ①家… Ⅲ . ①住宅 – 室内装修 – 建筑
设计 – 图集 Ⅳ . ① TU767-64

中国版本图书馆 CIP 数据核字（2017）第 173276 号

书　　名	家居装修设计大图典　现代风格	
编　　者	《家居装修设计大图典》编写组	
出版发行	海峡出版发行集团	
	福建科学技术出版社	
社　　址	福州市东水路76号（邮编350001）	
网　　址	www.fjstp.com	
经　　销	福建新华发行（集团）有限责任公司	
印　　刷	福建彩色印刷有限公司	
开　　本	889毫米×1194毫米　1/16	
印　　张	9	
图　　文	144码	
版　　次	2017年10月第1版	
印　　次	2017年10月第1次印刷	
书　　号	ISBN 978-7-5335-5390-6	
定　　价	45.00元	

书中如有印装质量问题，可直接向本社调换

家居装修设计
jiaju zhuangxiu sheji
大图典
Datudian

Contents 目录

客厅 | Keting

现代风格 - 客厅图片库 1

现代风格 - 客厅图片库 2

主要材料

①斑马木饰面板

②布艺硬包

③黑白根大理石

主要材料

①粉红罗莎大理石

②灰洞石

③灰洞石

④灰木纹石

⑤沙比利饰面板

主要材料

①布艺硬包　②柚木板　③米黄洞石　④玻化砖　⑤硅藻泥　⑥木纹石

主要材料

①仿大理石瓷砖

②粉红罗莎大理石

③古堡灰大理石

④铁刀木饰面板

⑤白色护墙板

主要材料

①中花白大理石

②肌理壁纸

③浅啡网大理石

④白桦木饰面板

⑤通花板

主要材料

①灰网纹大理石　②米黄洞石　③布艺软包　④皮革硬包　⑤灰木纹石

主
要
材
料

①麻布壁纸　　②玻化砖　　③米黄洞石　　④有色乳胶漆　　⑤和平白大理石　　⑥硅藻泥

主要材料

①玻化砖

②有色乳胶漆

③香槟红大理石

④印花磨砂镜

主要材料

①月光米黄大理石

②仿大理石瓷砖

③木质饰面板

④仿古砖

⑤实木复合地板

主要材料

主要材料

①爵士白大理石　②通花板　③黑色烤漆玻璃　④艺术黑镜　⑤镜面玻璃马赛克　⑥白橡木饰面板

主要材料

①皮雕软包

②皮革硬包

③白色护墙板

④白橡木饰面板

⑤海浪花大理石

主要材料

①仿古砖

②黑色烤漆玻璃

③爵士白大理石

④灰木纹石

⑤杉木饰面板

主要材料

①麻布壁纸　　②白橡木饰面板　　③艺术砖　　④旧米黄大理石　　⑤麻布硬包　　⑥麻布壁纸

主要材料

①山核桃木地板

②浮雕壁纸

③有色乳胶漆

④白色护墙板

⑤仿古砖

主要材料

①海纹玉大理石

②条纹壁纸

③肌理壁纸

④皮革硬包

⑤米黄洞石

主要材料

①科技木饰面板

②枫木饰面板

③浮雕壁纸

④红木饰面板

⑤艺术壁纸

主要材料

①米黄木纹石

②麻布硬包

③仿大理石瓷砖

④有色乳胶漆

⑤通花板

主要材料

①米黄洞石　②仿大理石瓷砖　③有色乳胶漆　④皮革硬包　⑤有色乳胶漆

主要材料

①硅藻泥

②马赛克

③斑马木饰面板

④雅士白大理石

⑤中花白大理石

①直纹白大理石

②大理石拼花地板

③大花白大理石

④灰木纹石

⑤布艺软包

主
要
材
料

①硅藻泥　②仿大理石瓷砖　③皮革硬包　④皮革硬包　⑤皮革硬包　⑥水曲柳饰面板

主要材料

①美尼斯金大理石

②古堡灰大理石

③条纹白玉大理石

④木质指接板

⑤仿大理石瓷砖

主要材料

①帕斯高灰大理石

②云朵拉灰大理石

③无纺布壁纸

④大理石拼花地板

⑤无纺布壁纸

主要材料

①灰镜　　②无纺布壁纸　　③木质饰面板　　④玻化砖　　⑤仿大理石瓷砖　　⑥米黄洞石

主要材料

①硅藻泥

②木质指接板

③镜面玻璃马赛克

④布艺硬包

⑤柚木饰面板

主要材料

①布艺硬包

②红砖

③木纹砖

④黑镜

⑤浅啡网大理石

主要材料

①艺术灰镜　　②仿大理石瓷砖　　③柚木饰面板　　④皮革硬包　　⑤白橡木饰面板

主要材料

①木纹砖

②灰镜

③文化石

④木纹砖

⑤科技木饰面板

主要材料

①条纹壁纸

②无纺布壁纸

③杉木饰面板

④仿古砖

⑤松香黄大理石

主要材料

①硅藻泥

②植绒壁纸

③米黄洞石

④实木复合地板

⑤玻化砖

主要材料

①水曲柳木地板

②微晶石

③杭灰大理石

④有色乳胶漆

⑤植绒壁纸

主要材料

①金花米黄大理石

②有色乳胶漆

③实木复合地板

④水曲柳木地板

⑤麻布壁纸

主要材料

①硅藻泥

②仿大理石瓷砖

③灰镜

④肌理漆

⑤有色乳胶漆

主要材料

①肌理漆

②橡木地板

③实木拼花地板

④植绒壁纸

⑤雅士白大理石

主要材料

①黑白根大理石　②米黄洞石　③马赛克　④釉面砖

主要材料

①直纹柚木饰面板

②斑马木饰面板

③肌理漆

④红胡桃木饰面板

⑤麻布壁纸

主要材料

①马赛克

②黑镜

③杉木地板

④米黄洞石

⑤爵士白大理石

主要材料

①粉红罗莎大理石　②爵士白大理石　③红橡木饰面板　④麻布壁纸　⑤实木复合地板

主要材料

①仿大理石瓷砖　②布艺软包　③山水纹大理石　④爵士白大理石　⑤玻化砖　⑥水曲柳指接板

①深啡网大理石

①爵士白大理石

②爵士白大理石

③老虎玉大理石

④帕斯高灰大理石

⑤黑白根大理石

主要材料

①青龙玉大理石

②硅藻泥

③地毯

④仿大理石瓷砖

⑤布艺硬包

主要材料

①布艺硬包

②橡木仿古地板

③做旧实木地板

④麻布壁纸

⑤紫罗红大理石

主要材料

①大花白大理石

②有色乳胶漆

③布艺硬包

④仿大理石瓷砖

⑤橡木仿古地板

主要材料

①冰花玉大理石

②微晶石

③大花白大理石

④橡木地板

⑤条纹白玉大理石

主要材料

①微晶石

②波涛灰大理石

③实木线

④阿曼米黄大理石

⑤有色乳胶漆

主要材料

①古堡灰大理石　②白橡木饰面板　③黑胡桃木饰面板　④有色乳胶漆　⑤文化砖

主要材料

①古堡灰大理石　②做旧实木地板　③木纹砖　　④绒布硬包　　⑤仿大理石瓷砖　⑥皮革硬包

主要材料

①木纹玉大理石

②马赛克

③仿大理石瓷砖

④海纹玉大理石

⑤通花板

主要材料

①黑胡桃木地板

②砂岩文化石

③大花白大理石

④马赛克

⑤绒布硬包

主要材料

①波斯灰大理石

②木纤维壁纸

③仿大理石瓷砖

④米黄洞石

⑤印花灰镜

主要材料

①老虎玉大理石

②白色护墙板

③木纹玉大理石

④文化砖

⑤米黄洞石

主要材料

①做旧实木地板　②阿曼米黄大理石　③月光米黄大理石　④橡木地板　⑤爵士白大理石　⑥水曲柳指接板

主要材料

①金箔壁纸

②布艺软包

③墨竹玉大理石

④硅藻泥

⑤微晶石

主要材料

①微晶石

②布艺软包

③植绒壁纸

④布艺软包

⑤白橡木饰面板

主要材料

①衫木饰面板

②仿古砖

③皮革硬包

④藤编壁纸

⑤沙比利饰面板

主要材料

①硬包

②玻化砖

③麻布壁纸

④黑镜

⑤实木复合地板

主要材料

①有色乳胶漆

②仿大理石瓷砖

③金线米黄大理石

④老虎玉大理石

⑤皮革硬包

主要材料

①黑白根大理石　②布艺硬包　③白橡木饰面板　④黑胡桃木饰面板　⑤雅士白大理石　⑥杭灰大理石

主要材料

①斑马木饰面板

②水曲柳指接板

③仿古砖

④仿大理石瓷砖

⑤木纹砖

主要材料

①实木复合地板

②文化砖

③山水纹大理石

④无纺布壁纸

⑤做旧实木地板

主
要
材
料

①米黄木纹石

②灰镜

③木纹砖

④绒布软包

⑤硅藻泥

⑥仿古砖

主要材料

①皮革硬包

②微晶石

③阿曼米黄大理石

④老虎玉大理石

⑤实木线

主要材料

①爵士白大理石

②肌理壁纸

③釉面砖

④老虎玉大理石

⑤石膏柱

主要材料

①白色护墙板

②大理石拼花地板

③绒布硬包

④无纺布壁纸

⑤米黄木纹石

主要材料

①山水纹大理石

②木纹砖

③皮革硬包

④硅藻泥

⑤实木复合地板

主
要
材
料

①有色乳胶漆　　②灰网纹大理石　　③杭灰大理石　　④密度板　　⑤玻化砖

主要材料

①枫木饰面板　②雪花白大理石　③仿大理石瓷砖　④印花磨砂镜　⑤帕斯高灰大理石　⑥文化石

主要材料

①雅士白大理石

②麻布壁纸

③灰网纹大理石

④实木复合地板

⑤玻化砖

主要材料

①浮雕壁纸

②木纹砖

③肌理壁纸

④橡木地板

⑤沙比利饰面板

主要材料

①马赛克　②有色乳胶漆　③艺术壁纸　④爵士白大理石　⑤仿大理石瓷砖　⑥肌理漆

主要材料

①直纹白大理石　②玻化砖　③爵士白大理石　④米黄洞石　⑤枫木饰面板

主要材料

①帕斯高灰大理石

②皮革硬包

③沙比利饰面板

④灰镜

⑤植绒壁纸

① 主要材料

①实木复合地板

②有色乳胶漆

③艺术壁纸

④木纹砖

⑤釉面砖

主要材料

①米黄木纹石　　②植绒壁纸　　③无纺布壁纸　　④植绒壁纸　　⑤绒布硬包

主要材料

①有色乳胶漆

②实木复合地板

③实木线

④无纺布壁纸

⑤无纺布壁纸

主要材料

①绒布硬包

②黑白根大理石

③玻化砖

④直纹木饰面板

⑤仿大理石瓷砖

卧室 | Woshi

现代风格－卧室图片库 1

现代风格－卧室图片库 2

主要材料

①实木复合地板

②文化砖

③胡桃木地板

主要材料

①实木线

②榉木饰面板

③橡木地板

④植绒壁纸

⑤无纺布壁纸

主要材料

①硅藻泥　　②水曲柳木地板　　③橡木地板　　④麻布壁纸　　⑤有色乳胶漆

①

②

③

①胡桃木地板

②实木复合地板

③橡木仿古地板

④绒毛地毯

⑤PVC（聚氯乙烯）波浪板

④

⑤

主要材料

①磨砂玻璃

②绒布软包

③皮革硬包

④布艺软包

⑤有色乳胶漆

主要材料

①皮革硬包

②榉木饰面板

③橡木地板

④白橡木饰面板

⑤肌理壁纸

主要材料

①皮雕软包

②胡桃木地板

③有色乳胶漆

④水曲柳木地板

⑤PVC软包

主要材料

①榉木饰面板　②做旧实木地板　③白色护墙板　④水曲柳木地板　⑤植绒壁纸　⑥绒布硬包

主要材料

①手绘壁纸

②榉木饰面板

③植绒壁纸

④水曲柳饰面板

⑤硅藻泥

主要材料

①马赛克

②绒布软包

③花鸟画壁纸

④橡木地板

⑤布艺硬包

主要材料

①柚木饰面板

②艺术软包

③实木复合地板

④胡桃木地板

⑤印花磨砂镜

主要材料

①植绒壁纸

②水曲柳木地板

③儿童画壁纸

④PVC硬包

⑤有色乳胶漆

主要材料

①无纺布壁纸

②榉木饰面板

③布艺软包

④水曲柳木地板

⑤麻布软包

⑥做旧实木地板

主要材料

①实木复合地板

②绒布软包

③无纺布壁纸

④布艺软包

主要材料

①水曲柳木地板

②有色乳胶漆

③布艺软包

④胡桃木地板

⑤肌理漆

主要材料

①枫木饰面板

②浮雕壁纸

③柚木地板

④肌理漆

⑤胡桃木地板

主要材料

①做旧实木地板

②PVC软包

③有色乳胶漆

④肌理壁纸

⑤绒布软包

主要材料

①布艺软包

②肌理壁纸

③实木线

④实木拼花地板

⑤橡木地板

主要材料

①有色乳胶漆

②斑马木饰面板

③榉木饰面板

④枫木格栅

⑤布艺软包

主要材料

①实木拼花地板　②有色乳胶漆　③布艺硬包　④麻布软包　⑤白橡木饰面板

主要材料

①白橡木饰面板　②PVC软包　③实木拼花地板　④水曲柳木地板　⑤山核桃木地板　⑥布艺软包

①麻布软包

②绒布壁纸

③布艺硬包

④无纺布壁纸

⑤榆木地板

主要材料

①金箔壁纸

②实木线

③木纤维壁纸

④白橡木饰面板

⑤橡木地板

主要材料

①实木复合地板　②印花磨砂镜　③白色护墙板　④麻布壁纸　⑤硅藻泥　⑥枫木饰面板

主要材料

①柚木地板

②山核桃木地板

③黑胡桃木饰面板

④艺术壁纸

⑤有色乳胶漆

主要材料

①麻布硬包

②印花玻璃

③有色乳胶漆

④白橡木饰面板

⑤麻布壁纸

主要材料

①橡木仿古地板　②皮革硬包　③枫木线　④胡桃木地板　⑤有色乳胶漆　⑥橡木仿古地板

主要材料

①肌理漆

②实木复合地板

③实木拼花地板

④实木拼花地板

⑤麻布软包

主要材料

①无纺布壁纸

②PVC软包

③木纤维壁纸

④木纤维壁纸

⑤沙比利饰面板

主要材料

①白橡木饰面板

②无纺布壁纸

③肌理漆

④印花灰镜

⑤白色护墙板

主要材料

①浮雕壁纸

②木纤维壁纸

③银箔壁纸

④水曲柳木地板

⑤肌理漆

主要材料

①硅藻泥

②麻布壁纸

③实木复合地板

④榆木地板

⑤白色护墙板

⑥有色乳胶漆

主要材料

①枫木饰面板　　②有色乳胶漆　　③木纤维壁纸　　④皮革硬包　　⑤榆木地板　　⑥木质纹理壁纸

主要材料

①有色乳胶漆

②绒布软包

③实木拼花地板

④无纺布壁纸

⑤榆木地板

113

玄关 | Xuanguan

现代风格 - 玄关图片库

主要材料

①科技木饰面板

②枫木饰面板

③老虎玉大理石

④硅藻泥

主
要
材
料

①大理石拼花地板　②金线米黄大理石　③冰花玉大理石　④老虎玉大理石　⑤车边银镜

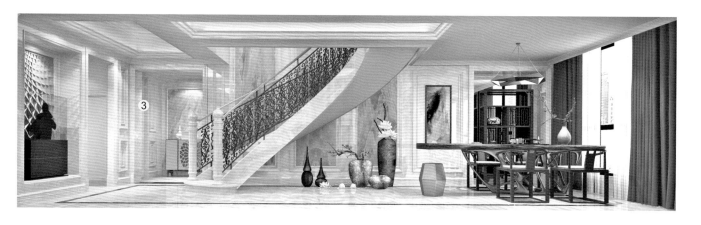

主要材料

①金叶米黄大理石

②榆木地板

③釉面砖

④银箔壁纸

⑤白橡木饰面板

主要材料

①釉面砖

②通花板

③肌理漆

④白橡木饰面板

⑤无纺布壁纸

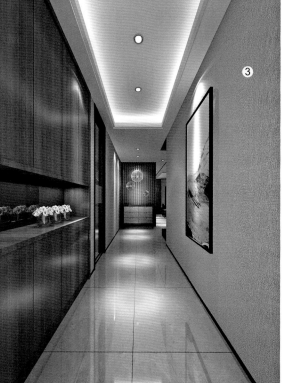

117

主要材料

①实木复合地板　②银箔壁纸　③胡桃木地板　④沙比利饰面板　⑤波斯灰大理石　⑥大花白大理石

餐厅 | Canting

现代风格 - 餐厅图片库 1

现代风格 - 餐厅图片库 2

主要材料

①波斯灰大理石

②橡木仿古地板

③玻化砖

主要材料

①仿大理石瓷砖

②樱桃木饰面板

③古堡灰大理石

④仿大理石瓷砖

⑤帕斯高灰大理石

主要材料

①有色乳胶漆

②水曲柳木板

③木纹砖

④通花板

⑤皮雕软包

主要材料

①肌理壁纸

②爵士白大理石

③灰网纹大理石

④灰网纹大理石

⑤爵士白大理石

主要材料

①玻化砖　②山水纹大理石　③有色乳胶漆　④斑马木饰面板　⑤有色乳胶漆

主要材料

①植绒壁纸　②大理石拼花地板　③肌理壁纸　④黑白根大理石　⑤大理石拼花地板　⑥仿大理石瓷砖

主要材料

①白玫瑰大理石

②实木拼花地板

③橡木地板

④仿古砖

⑤硅藻泥

主要材料

①仿大理石瓷砖

②木纹砖

③木纹砖

④有色乳胶漆

⑤红橡木饰面板

主要材料

①仿大理石瓷砖　②仿大理石瓷砖　③有色乳胶漆　④仿大理石瓷砖　⑤沙比利饰面板　⑥老木板

主要材料

①金线米黄大理石　②大理石拼花地板　③陶瓷锦砖　④木纹玉大理石　⑤米黄洞石　⑥仿古砖

主要材料

①皮革硬包　　②白色护墙板　　③红胡桃木饰面板　　④实木复合地板　　⑤灰木纹石

主要材料

①山水纹大理石

②大理石拼花地板

③金箔壁纸

④仿大理石瓷砖

⑤圣雅米黄大理石

主要材料

①灰木纹石　②水曲柳饰面板　③枫木饰面板　④斑马木地板　⑤斑马木饰面板　⑥仿大理石瓷砖

主要材料

①白色护墙板　②仿大理石瓷砖　③爵士白大理石　④白色护墙板　⑤仿大理石瓷砖

主要材料

①古堡灰大理石　②仿大理石瓷砖　③玻化砖　④釉面砖　⑤仿大理石瓷砖　⑥仿大理石瓷砖

主要材料

①斑马木饰面板

②柚木地板

③马赛克

④白橡木饰面板

⑤金叶米黄大理石

主要材料

①浅啡网大理石

②黑胡桃木饰面板

③白枫木地板

④硅藻泥

⑤仿大理石瓷砖

休闲室 | Xiuxianshi

现代风格－休闲室图片库

主要材料

①实木拼花地板

②水曲柳木地板

③白色护墙板

①木纹砖

②白色护墙板

③做旧实木地板

④爵士白大理石

⑤文化石

主要材料

①实木线

②深啡网大理石

③文化砖

④阿曼米黄大理石

⑤木纹砖

主要材料

①釉面砖

②麻布壁纸

③杉木板条

④麻布壁纸

⑤PVC硬包

主要材料

①米色护墙板　　②羊毛地毯　　③肌理漆　　④白色护墙板　　⑤实木拼花地板

主要材料

①大理石拼花地板　②金箔壁纸　③金碧米黄大理石　④枫木饰面板　⑤白色护墙板

卫浴间 | Weiyujian

现代风格 - 卫浴间图片库

主要材料

①仿大理石瓷砖

②釉面砖

③阿曼米黄大理石

④金线米黄大理石

主要材料

①仿大理石瓷砖

②木纹砖

③仿大理石瓷砖

④黑白根大理石

主要材料

①大理石拼花地板

②爵士白大理石

③印花磨砂镜

主要材料